SOCIÉTÉ D'AGRICULTURE DE COMPIÈGNE

ENQUÊTE

SUR

LE VAGABONDAGE

ET LA MENDICITÉ

RAPPORT DE LA COMMISSION

Président ...... MM. **NOLET**, Maire de Venette.

Rapporteur .... **BARRÉ**, Maire de Margny-lès-Compiègne.

Membre .... **VECTEN**, Vice-Président de la Société.

COMPIÈGNE

IMPRIMERIE A. MENNECIER

17, Rue Pierre-Sauvage, 17

1895

ENQUÊTE

SUR

LE VAGABONDAGE ET LA MENDICITÉ

SOCIÉTÉ D'AGRICULTURE DE COMPIÈGNE

ENQUÊTE

SUR

LE VAGABONDAGE

ET LA MENDICITÉ

RAPPORT DE LA COMMISSION

Président ...... MM. **NOLET**, Maire de Venette.

Rapporteur .... **BARRÉ**, Maire de Margny-lès-Compiègne.

Membre .... **VECTEN**, Vice-Président de la Société.

COMPIÈGNE

IMPRIMERIE A. MENNECIER

17, Rue Pierre-Sauvage, 17

—

1895

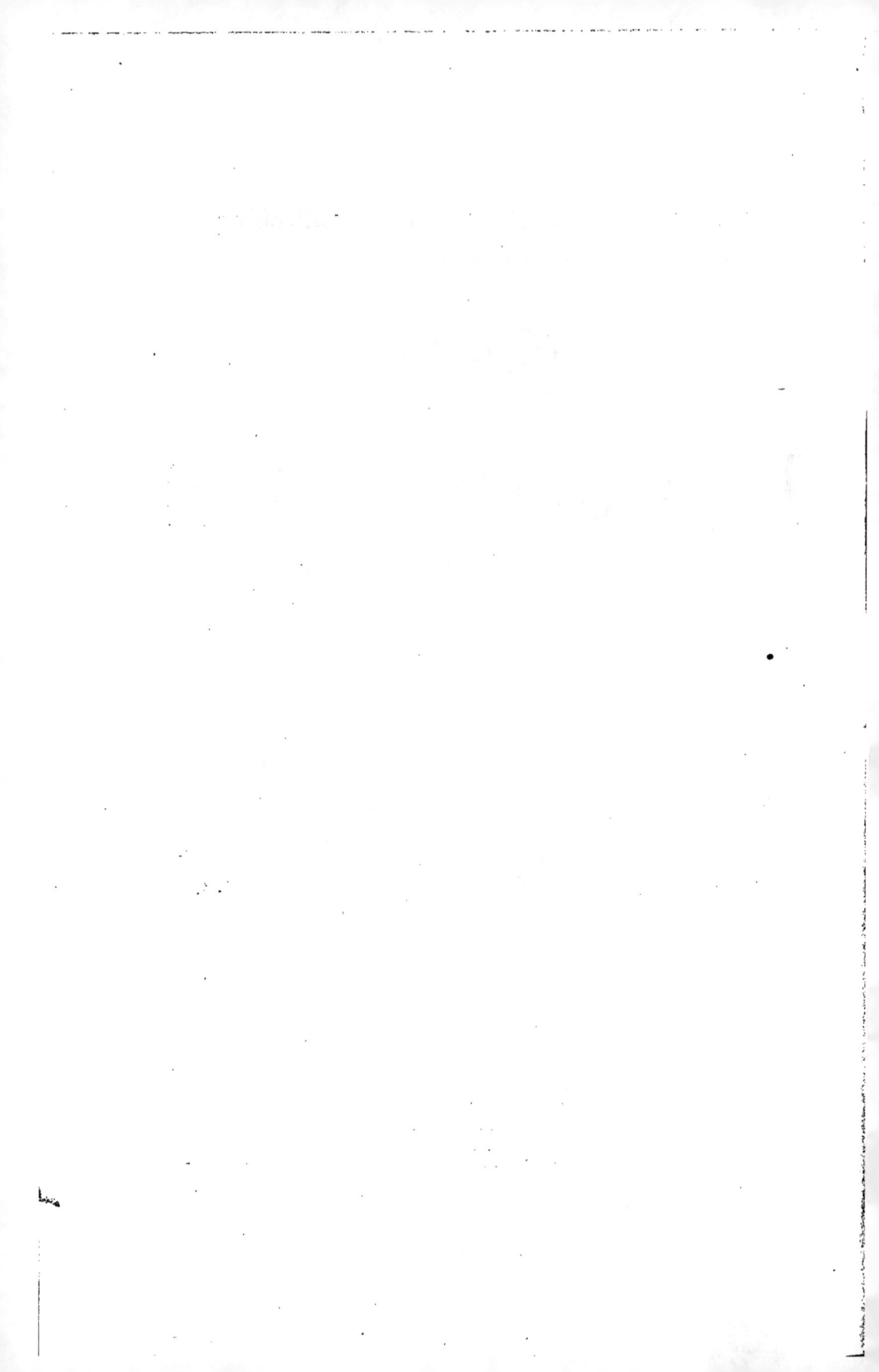

SOCIÉTÉ D'AGRICULTURE DE COMPIÈGNE

ENQUÊTE

SUR

LE VAGABONDAGE ET LA MENDICITÉ

RAPPORT DE LA COMMISSION

Président . . . . . MM. NOLET
Rapporteur . . . BARRÉ
Membre . . . . . . VECTEN

CHAPITRE PREMIER

Préliminaires.

MESSIEURS,

La Commission que vous avez nommée pour faire le dépouillement des réponses adressées par les Maires de l'arrondissement de Compiègne au Questionnaire de la Société d'Agriculture, au sujet du vagabondage et de la mendicité, et des moyens proposés pour y remédier, a consacré plusieurs séances à son travail et m'a chargé d'en dresser un rapport.

C'est ce rapport que j'ai l'honneur de soumettre en ce moment à votre attention.

Tout d'abord la Commission a constaté que la question du vagabondage et de la mendicité en était arrivée à l'état aigu, qu'elle devenait un fléau pour la Société et qu'il y avait lieu d'appeler sur cet état de choses, sinon l'attention du législateur, puisque la législation est toute faite, au moins les préoccupations et la vigilance des pouvoirs exécutif, administratifs et judiciaires, chargés d'en surveiller et d'en assurer l'application.

Déjà, au surplus, vous avez pu voir que les Pouvoirs publics s'occupaient de cette question.

D'une part, M. le Préfet de l'Oise a adressé, en juillet dernier, aux Maires de son département, un Questionnaire détaillé au sujet des établissements de refuge créés dans certaines communes.

D'autre part, le Conseil général, dans sa session d'août dernier, a été saisi de la question, mais il n'a fait que l'aborder sans l'étudier à fond et sans proposer de solution ; de ce côté, donc, l'affaire est seulement à l'étude, attendant que l'avenir, après des études sérieuses, apporte le remède au mal signalé.

Certes, le mal existe, et pour vous en donner une idée saisissante, je ne puis mieux faire que de vous citer *in extenso* un article paru le 23 janvier dernier, dans un journal du matin, sous ce titre :

LA SÉCURITÉ AUX CHAMPS

« Les rues de Paris ne sont pas sûres, une fois la nuit venue, surtout dans les quartiers excentriques. Des attaques à main armée s'y produisent, quelquefois même pour le plaisir ; témoin ce pauvre homme qui, rentrant chez lui, il y a quelques nuits, en compagnie de sa femme, fut frappé grièvement d'un coup de couteau, sans que le vol fût le mobile du crime. Et il y en a bien d'autres, malgré tout le zèle des agents. Il est évident que les agents ne peuvent être partout à la fois que les gredins savent toujours, à point nommé, l'heure où ils ont tourné les talons. Voilà la coutume qui gagne la province, et c'est bien autrement grave. La campagne, dépourvue de sécurité, ça ne s'était pas vu depuis longtemps ! Mais c'est la réalité même, et il faut bien s'incliner devant les faits.

« Et cependant, ce ne sont pas les gendarmes qui manquent. Dans nombre de localités où une brigade suffisait jadis, on en compte aujourd'hui deux, et ça n'est pas de trop, loin de là ! C'est que la besogne multiple de ces braves gens est autrement dure et pénible ; c'est que les vagabonds pullulent dans les campagnes et que l'autorité compétente est débordée. Qui dit vagabond, dit malfaiteur ; tous ceux qui arpentent les routes de France ne peuvent vivre que de rapines et trop souvent d'assassinats. On le sait, on le déplore ; mais la lutte utile est impossible, il faut le croire, puisque le nombre de ces coureurs de chemins ne diminue pas, bien au contraire !

« Inutile de revenir, par le menu, sur leurs méfaits. Disons seulement qu'ils s'imposent par la terreur et savent où il leur est permis d'opérer dans de bonnes conditions. D'où viennent-ils ? Ce serait aux parquets de nous le dire. Selon toute probabilité, ce sont, pour la plupart, des récidivistes ou des individus de sac et de corde, chassés par une interdiction de séjour, sortes de juifs-errants de la misère vagabonde, sans autres ressources que l'aumône. Et cette aumône, ils l'exigent souvent, dans les occasions où, aux champs, ils se trouvent en présence de femmes qu'ils terrorisent, pendant que les hommes sont au travail, imposant l'aumône en argent, quand ils ont assez de pain pour leur journée. Combien même ne vident-ils pas leur besace dans les fossés de la route, empêchés d'absorber tout ce qu'ils ont recueilli sur leur chemin ?

« Ils se présentent, cauteleux d'abord, et bientôt la menace aux lèvres, une fois renseignés ; et quand ils se heurtent à quelque refus, il faut les voir, hors d'eux-mêmes, et sans plus de souci du parquet que des gendarmes. Il faut du temps, pour formuler une plainte, et quand celle-ci est arrivée à destination, il y a beaux jours que les rôdeurs ont pris la poudre d'escampette. Cette circulation, de plus en plus nombreuse, de malfaiteurs avérés, étrangers au pays, à travers nos campagnes, est éminemment inquiétante. Comment, d'abord, peuvent-ils circuler aussi librement ? C'est la question qui se pose, et qu'il n'est pas facile de résoudre. On en est réduit à se dire que les moyens de préservation font défaut, et que l'autorité est, ou désarmée, ou d'une faiblesse qui défie toute comparaison.

« Il y a quelques jours, dans une région de France où, il y a une trentaine d'années, on pouvait s'endormir la clef sur la porte, une vieille femme a été assassinée pour cause de vol, et l'assassin court encore.

« Et si ces choses persistent, si les gens de nos campagnes ne se savent plus protégés, qu'arrivera-t-il ? Une chose bien simple : les paysans se protégeront eux-mêmes, et il est facile de prévoir les excès de toutes sortes qui surviendront, lorsque quelque misérable, coupable ou non, sera signalé à leur haine et à leur vengeance. Mais, c'est fatal, à cause de l'inertie, ou de l'incapacité, ou de l'indifférence des autorités départementales chargées du bon ordre public et de la protection des citoyens. La vérité est que, dans certaines régions, les routes et chemins de France appartiennent aux vagabonds, comme certains quartiers de Paris aux rôdeurs. L'intimidation, par eux exercée, était déjà fort inquiétante, et, pour notre part, nous l'avons maintes fois signalée. Du moment que le meurtre s'en mêle, c'est la fin, ou plutôt le commencement de la défense collective, à moins que l'administration ne se réveille et n'abandonne une inqualifiable torpeur, pour user avec vigueur et énergie des forces dont elle dispose, dans l'intérêt de la sécurité générale trop menacée. — Ch. CANIVET. »

Pour compléter le chapitre de nos doléances, je prends la

liberté de vous reproduire la réponse faite le 24 juillet dernier, au Questionnaire de M. le Préfet de l'Oise, sur les refuges, par un Maire de village que je ne nomme pas, mais que je connais intimement, et qui ne m'en voudra pas, je l'espère, d'avoir abusé de sa confidence :

« Il n'existe pas de refuge dans notre commune et le besoin ne s'en fait pas sentir. Les nomades qui transitent notre territoire, trouvent leur refuge dans des carrières abandonnées, d'où ils rayonnent pour faire la maraude dans les champs avoisinants.

« Le Maire soussigné saisit cette occasion pour exprimer bien haut combien il réprouve l'établissement de refuges qui favorise trop ouvertement l'industrie des fainéants, bohêmes et pillards.

« Il n'admet pas cette facilité de circulation accordée à une foule de déclassés et de vicieux qui vont promener, sur toutes les routes, leurs demandes d'ouvrage et leur désir de n'en pas trouver.

« Chacun, en France, devrait avoir un domicile fixe, soit à titre de propriétaire, soit à titre de locataire, où il lui serait permis de se livrer à la pratique de ses devoirs et à l'exercice de ses droits ; où il serait permis à l'autorité de le rencontrer chaque fois qu'elle aurait besoin de lui.

« Les tolérances et les facilités de toutes sortes accordées aux vagabonds par l'Administration française, engendrent fatalement ces légions de dynamiteurs et d'anarchistes qui finissent par devenir la plaie de la société et obligent à des lois de salut public pour un mal qu'il eût été plus facile de prévenir que de guérir. On sème le vent et l'on s'étonne de récolter la tempête.

« Les philanthropes en chambre autorisent la divagation des vagabonds au nom de la Liberté : ils réclament des refuges et des subsistances au nom de la charité ; comme si l'expérience de chaque jour ne nous démontrait pas que les mendiants-vagabonds abusent de la Liberté, et exploitent audacieusement la Charité au profit de leur fainéantise.

« Les individus que l'on recueille dans les abris dits refuges n'ont pas, eux, la charité de nettoyer leurs ordures nauséabondes et leur vermine. Il faut qu'un honnête employé soit chargé de ce soin.

« Le Maire soussigné estime ne point trouver dans ces procédés le remède à la démoralisation qui envahit les classes ouvrières et il supplie l'Administration supérieure de chercher ailleurs et autrement la solution du problème. »

CHAPITRE II

Réponse des Maires.

§ 1er. — *Nombre et classement des Vagabonds.*

Et maintenant, après ces préliminaires qu'il m'a paru utile de mettre sous vos yeux parce qu'ils sont une protestation énergique contre le laisser aller de l'autorité, j'aborde la partie documentaire qui fait le principal objet de ce rapport et de nos investigations communes.

L'arrondissement de Compiègne compte 157 communes : sur ce nombre, 128 ont répondu au Questionnaire de M. le Président de la Société.

Sur 128, il en existe 73 qui sont pourvues de refuges, soit environ 3/5e, et 55 qui en sont privées, soit 2/5e.

Les 128 refuges, joints à quelques cultivateurs qui donnent à coucher dans leurs bâtiments, logent, chaque semaine, environ 930 individus.

Et si nous appliquons aux 29 communes, qui n'ont pas répondu, la même proportion qu'aux autres, ce qui est assez rationnel, nous trouvons qu'elles ont dû loger un effectif de 210 personnes.

Soit donc un total, pour tout l'arrondissement, de 1140 individus par semaine.

Dans ces réfugiés, il existe beaucoup plus d'hommes que de femmes et d'enfants, sans qu'on ait pu dégager des réponses une proportion bien précise.

Il n'en est pas de même de la proportion des sujets valides qui oscille entre 66 et 90 0/0, c'est-à-dire en moyenne 80 0/0 sujets valides et aptes au travail, 20 0/0 de vieillards et d'infirmes.

Résumant, aussi exactement que possible, les données fournies par les réponses, nous aurons le tableau suivant :

Total des voyageurs par semaine.	Femmes et enfants 15 %	Valides sur 969 80 %	Invalides ou vieillards 20 %
1140	171	776	193

Ainsi donc, nous trouvons, s'adonnant à la paresse et aux autres vices qu'elle entraîne à sa suite, 776 sujets valides, c'est-à-dire de quoi peupler quatre villages de 800 âmes, étant donné que dans une commune normalement organisée, les habitants mâles valides composent un peu moins du quart de la population totale.

Et dans les 193 sujets classés comme infirmes ou vieillards, il en est une bonne partie, la moitié environ, qui pourrait fournir un travail facile de quelques heures par jour, rendre ainsi quelques services et gagner ses aliments.

§ 2. — *Remèdes proposés.*

Dans l'impossibilité de classer sous des rubriques identiques toutes les réponses faites à ce sujet, tant est grande leur diversité, la Commission en a extrait quelques-unes qui sont groupées sous des titres spéciaux et serviront de types, eu égard à leur solution principale et à l'idée-mère qui les a inspirées.

PREMIÈRE CATÉGORIE

**Chaque commune doit nourrir ses pauvres, leur fournir du travail.
Régime des prisons plus sévère.**

Le n° 99 s'exprime ainsi :

1° Obliger chaque commune à procurer du travail à ses indigents ou à les secourir ;

2° Interdire rigoureusement la mendicité ;

3° Ordinaire strict dans la prison : du pain, de l'eau.

4° Supprimer les refuges.

Le n° 106 indique ainsi sa solution :

Faire arrêter tout individu sans moyen d'existence avouable, et ne pas rendre trop doux le régime de la prison, puisqu'il est avéré que beaucoup de vagabonds cherchent à se faire emprisonner pendant la mauvaise saison.

Dans le n° 15 nous lisons ceci :

Que chaque commune occupe et nourrisse ses pauvres et que l'Etat et le Département interviennent auprès des communes qui ne peuvent le faire.

Qu'on sévisse avec force contre les progrès effrayants de l'alcoolisme, cause de bien des vices, de la paresse et, par conséquent, du vagabondage.

2ᵉ CATÉGORIE.

**Condamnation des Refuges ou obligation de les établir auprès
de chaque brigade de gendarmerie.**

Le n° 6 nous indique que son refuge est fermé, par impossibilité de loger tous les réfugiés qui se présentaient, tant ils étaient nombreux. La plupart ne reparaissent plus et il n'est resté que quelques sujets intéressants que le Maire consent à loger dans ses bâtiments.

Le n° 69 nous apprend que son refuge a été incendié il y a dix-huit mois. On ne se soucie pas de le rétablir en raison des dangers et inconvénients de toutes sortes qui en résultent, surtout en présence de la désinfection et du registre de couchage obligatoires.

Les voyageurs vont dans les pays voisins munis de refuges et le pays en est débarrassé. Il en couchait en moyenne quatre par jour.

Le n° 45 explique que, depuis six mois, un seul pauvre a logé dans sa commune ; ce qu'il attribue à ce fait qu'il y a dans son pays une brigade de gendarmerie.

Le n° 126. Son refuge est supprimé depuis deux ans. Il est d'avis que les refuges attirent un grand nombre de vagabonds et qu'on ne devrait les tolérer que dans les localités où existe une brigade de gendarmerie.

Le n° 96, muni d'un refuge confortable avec séparation pour les sexes, dont il nous vante le bon aménagement et en même temps l'économie qui en résulte pour les finances communales, est d'avis, en forme de conclusion, que la création de refuges *autorise les oisifs à se faire vagabonds pour vivre aux dépens des communes.*

Le n° 98 nous apprend que les vagabonds logent dans les fermes quand on veut bien les y admettre ; que, quant à lui, depuis un an, il les expulse le plus possible et, s'ils mendient, on les arrête. Depuis l'application de ces mesures rigoureuses, il en voit beaucoup moins.

Le n° 115 demande que les gendarmes, comme le veut d'ailleurs la loi, soient chargés d'une répression et d'une surveillance plus sévères sur la circulation des vagabonds.

3e CATÉGORIE

Création de Colonies agricoles. — Envoi aux Colonies. Colonies pénitentiaires.

Voici comment s'exprime le n° 39 :

1° Créer des fermes de travail départementales ;
2° Créer des ateliers de travail dans le voisinage des casernes, pour les ouvriers sans emploi ;
3° Placement par l'intermédiaire du Maire et du Préfet ;
4° Expulsion de tout étranger nomade et vagabond ;
5° Carte d'identité avec photographie de l'individu passant par la ferme ou l'atelier ;
6° Tenue rigoureuse du livret d'ouvrier ;
7° Avec le bénéfice du travail, subvenir aux plus nécessiteux.

A son tour, le n° 68 donne les indications suivantes :

Utilisation des fermes abandonnées pour l'installation économique de colonies agricoles où l'on occuperait les personnes valides n'ayant pas de travail. Cette installation pourrait être faite à l'aide de subventions de l'Etat, du Département et des Communes.

(Les *Etudes sur Colonies agricoles*, par Lurieu et Roniaud, peuvent donner d'utiles renseignements sur cette question.)

Les vagabonds valides, qui s'obstineraient à ne faire aucun travail, devraient être envoyés aux colonies pénitentiaires.

Chaque commune devrait être tenue de secourir les nécessiteux infirmes qui y sont domiciliés.

Le n° 53 recommande d'employer les vagabonds à des travaux agricoles sous la surveillance de la police.

Le n° 69 formule ainsi ses plaintes et ses désirs :

Pas un passant ne se rend aux divers chantiers qu'on lui annonce. Il est absolument certain que le plus grand nombre des voyageurs dits chemineaux représente des spécialistes cherchant à vivre gratuitement, même mal. Beaucoup passent à des époques fixes, 6 semaines ou 2 mois. Ceux qui sont roulottiers sont voleurs ; rarement les chemineaux prennent quelques légumes pour faire une soupe.

En général, tous sèment de mauvais conseils.

Etant donné que les bons ouvriers voyagent à coup sûr et presque toujours par voie de fer, il serait bon d'exiger du voyageur un certificat d'embauchement, de faciliter le voyage en chemin de fer à des prix très réduits et de coffrer pour la colonisation ou la déportation tout individu ne présentant pas de garantie sérieuse qu'il cherche de l'ouvrage.

Voici la solution indiquée par le n° 91 :

Tout individu, convaincu de vagabondage, devrait être expédié aux colonies où l'Etat pourrait, à leur intention, créer des établissements agricoles, où ils seraient obligés de travailler sous une bonne direction. Ils s'y marieraient : leurs enfants seraient élevés chrétiennement et y recevraient une instruction pratique agricole. Chaque famille, convaincue de bonne disposition au travail, recevrait de l'Etat, en propriété, avec titre, 10 hectares de bonne terre et le capital en nature nécessaire à tout premier établissement.

Ainsi, la France en serait débarrassée et pourrait peut-être en tirer profit.

Mais la première condition est de donner à tous ces vagabonds le sentiment de la dignité humaine, de l'honneur, la notion du bien et du mal, en un mot de former leur conscience.

Et, là-bas, des conférences chrétiennes pour eux et des écoles chrétiennes pour leurs enfants amèneraient certainement un bon résultat, l'idée de devenir propriétaire et de vivre honorablement aidant.

Si l'Etat ne porte un remède immédiat à l'état de choses actuel, ces gens, dans un avenir peu éloigné, formeront des bandes qui, à la première occasion favorable pour eux, pilleront les campagnes.

Avec le n° 72, nous trouvons indiquée la solution suivante :

Créer des maisons de travaux forcés, si le Gouvernement a des ressources pour le faire.

Et, en post-scriptum, il ajoute les lignes suivantes qui nous ouvrent des horizons nouveaux, mais qui, en définitive, se rattachent bien à la question soulevée en ce moment, puisqu'il s'agit d'assistance médicale :

Non seulement les communes ont la charge de ces indigents dans le poste des pauvres, mais il y en a qui ne veulent pas y coucher et se mettent sous des halles ; de là, danger d'incendie. De plus, si un ou plusieurs de ces indigents tombent malades, ce qui est arrivé à Hautefontaine, l'année dernière, il faut les envoyer à l'Hôtel-Dieu. Dans le courant de l'année dernière, le premier malade était un habitué, un paresseux et un ivrogne. Après quelques jours de souffrances dans le poste, je l'envoie à Compiègne, à l'Hôtel-Dieu. Le lendemain, après la visite du médecin, M. le Sous-Préfet me fait savoir que ce malheureux avait le typhus. Au moment où je recevais cette lettre, j'apprends qu'un autre s'était réfugié dans ma halle. J'appelle de suite M. le docteur Cruard, médecin des épidémies, qui me rassure en me disant que ce second n'a pas le typhus, mais qu'il fallait également l'envoyer à l'Hôtel-Dieu. On m'a dit que la commune sera obligée de payer. Si telle est la loi, il faudra bien nous y conformer. Mais vous m'avouerez que c'est bien dur pour une commune d'être obligée non seulement d'envoyer les gens à l'Hôtel-Dieu, mais encore de payer pour eux.

Dans ces conditions, il pourrait se faire qu'une commune en ait une dizaine, dans une année, qui tombent malades dans son refuge. Cela obérerait bien son budget. A mon avis, il faudrait que ce fût à la charge du département ou de l'Etat.

4e CATÉGORIE

Solution basée sur l'Assistance publique à organiser et sur les réformes à y introduire.

Avec le n° 66, nous allons aborder la question sur un terrain plus modeste mais plus pratique. Vous n'en serez pas surpris, Messieurs, quand vous en connaîtrez l'auteur. Il est des vôtres et vous avez déjà eu plus d'une fois l'occasion d'apprécier son mérite et de faire appel à ses intelligents offices.

Je lui laisse la parole.

Voici ma réponse à la question n° 10.

On peut poser, en principe, qu'il y a deux catégories de vagabonds :

1° Les vagabonds de profession ;

2° Ceux qui se trouvent accidentellement dans une situation qui les fait considérer comme tels.

Pour les premiers (les moins nombreux heureusement), s'ils sont jeunes et valides, le rengagement des simples soldats, l'organisation des troupes coloniales, arriveraient peut-être à en diminuer le nombre.

Pour les seconds, sans vouloir proposer une panacée, il semble que certaines améliorations sociales pourraient, dans une certaine mesure, atténuer le mal.

Nous citerons :

1° L'encouragement des œuvres de prévoyance ;

2° L'organisation, dans les campagnes, de l'assistance publique qui fait absolument défaut ;

3° Une meilleure organisation de l'assistance dans les villes, notamment en ce qui concerne l'hospitalisation. En effet, telle qu'elle est pratiquée dans beaucoup de villes importantes, elle coûte fort cher et ne donne satisfaction qu'à un petit nombre de privilégiés. Au lieu d'entretenir un lit, qui coûte généralement de 8 à 1.200 francs, on pourrait, pour la même somme, accorder des pensions mensuelles de 20 à 30 francs, à trois ou quatre indigents qui trouveraient assez souvent à se faire soigner à domicile. Tel qui, fatigué d'attendre une entrée à l'Hôpital, trop lente à venir, prend la route, et devient un vagabond, resterait avec ce secours, distribué à temps, dans son pays d'origine, où, soit un parent, soit un ami le recueillerait ;

4° La création d'habitations à bon marché dont l'ouvrier puisse devenir propriétaire, après en avoir payé exactement le loyer pendant un certain nombre d'années ;

La loi, récemment votée à ce sujet, pourrait favoriser cette innovation. Il est certain que la perspective de devenir propriétaire engagerait l'ouvrier à être économe, le fixerait la plupart du temps à l'endroit où il travaille, et le rendrait sourd aux utopies socialistes ;

5° Il serait bon aussi d'apporter certains tempéraments à l'application des lois qui régissent la mendicité et de ne condamner les individus arrêtés pour la première fois pour ce fait, qu'après une enquête minutieuse sur leurs antécédents. La législation actuelle traite pour ainsi dire le mendiant comme le voleur, le privant de ses droits civils, le mettant aux bancs de la Société.

On constate, hélas ! qu'il n'y a souvent que le premier pas qui coûte et que l'individu, qui a fait connaissance avec la prison, n'a plus honte d'y retourner.

5ᵉ CATÉGORIE

Solutions diverses. — Appréciations secondaires et moyens de procédure.

Nous en aurons fini avec l'énumération des remèdes indiqués.

Quand, avec le nº 115, nous aurons demandé l'assimilation des roulottiers avec voitures, aux vagabonds, et de plus la fixation d'un cantonnement spécial éloigné des grandes routes et des chemins fréquentés, attendu qu'ils font peur aux chevaux de la route ou de culture, et sont ainsi la cause d'accidents ;

Quand, avec le nº 105, nous aurons constaté que le voisinage des châteaux engendre fatalement le vagabondage et la mendicité qui se concertent à plusieurs lieues à la ronde pour venir à jour fixe recevoir la grasse prébende distribuée par les châtelains ;

Quand, avec le nº 78, nous aurons demandé qu'une répression sévère soit appliquée aux cultivateurs (exception infime sans doute) assez malhonnêtes pour donner, à des passagers, des livrets de complaisance attestant 8 à 10 jours de travail, quand, en réalité, ils ont travaillé à peine un jour, mais gratuitement ; ce qui nous fait assister à ce marché inavouable, auquel on se refuse à croire, d'un jour de travail gratuit accepté par un homme établi, en échange d'un faux commis sur un livret, et cela pour favoriser un étranger qu'il ne connaît pas et ne reverra peut-être jamais ; si cela se rencontre, c'est à désespérer de l'espèce humaine ;

Quand, avec le nº 28, nous aurons sollicité l'augmentation des brigades de gendarmerie, surtout à cheval ;

Quand, avec le nº 12, nous aurons fait appel à une police plus sévère envers les vagabonds et mendiants, qui, souvent, dit-il, sont très insolents et vont jusqu'à refuser le pain qu'on leur offre, préférant de l'argent qui ne va pas plus loin qu'au cabaret le plus proche ;

Quand, avec les nᵒˢ 40 et 52, nous aurons relevé : 1º que le vagabondage est causé surtout par l'abandon des travaux agricoles fixes et par l'affluence vers les chantiers temporaires des villes et des usines ; 2º que la majeure partie de ceux qui rôdent dans les campagnes sont des ouvriers d'industrie ;

Et enfin quand, avec les nᵒˢ 39 et 76, nous aurons prescrit qu'il soit adopté des mesures de police uniformes et plus sévères sur les papiers qui doivent servir à constater l'identité des coucheurs de refuge, lesquelles mesures se traduisent ainsi :

Acte de naissance sur papier libre ;

Livret avec photographie et signalement déposé le soir à chaque Mairie ou chez le garde champêtre ;

Visa signé du Maire, avec cachet attestant le séjour de la nuit passée au refuge ;

Et, s'il y a eu travail, attestation signée de l'employeur avec légalisation du Maire.

Voilà, Messieurs, en substance, l'énumération des solutions indiquées par les Maires de l'arrondissement de Compiègne.

Nous allons, dans deux chapitres suivants : 1° nous livrer à une étude de législation comparée ; 2° et, à l'aide de cette étude, porter un jugement motivé sur les solutions proposées.

Enfin, un dernier chapitre sera consacré aux conclusions adoptées par votre Commission, qui seront le résumé et le couronnement de cette intéressante enquête.

CHAPITRE III

Revue de Législation.

I

CONSIDÉRATIONS GÉNÉRALES

Les peuples de l'antiquité n'ont pas connu le vagabondage ; ils ne l'auraient d'ailleurs pas toléré. La Société d'alors reposait sur l'autorité absolue et despotique du père de famille, ayant sur ses inférieurs et notamment sur ses esclaves le droit de vie et de mort. Tout esclave qui tentait de s'évader, et par là devenait vagabond, était vite arrêté, décrété de mort par son maître et exécuté.

C'était sommaire, inhumain ; soit : mais cela ôtait à l'esclave en rupture de domicile l'envie de recommencer, et servait d'exemple à ceux de ses camarades qui auraient eu l'envie de l'imiter.

Ajoutons comme correctif de cette puissance absolue du père de famille, qu'il était tenu de bien nourrir et bien traiter ses esclaves.

Puis survint le Christianisme qui proclama que les hommes, provenant du même père, étaient tous frères et partant tous égaux, ce qui impliquait l'abolition de l'esclavage. Mais en même temps qu'il imposait aux riches l'obligation de donner leurs biens aux pauvres, ou tout au moins une partie de leur superflu, il imposait aux pauvres la loi sacro-sainte du travail. C'est ce qui résulte de l'aphorisme énergique de Saint-Paul, son premier philosophe :

Tout homme qui ne travaille pas n'a pas le droit de manger.

Ainsi se trouva formulée, dès le début du Christianisme, cette double loi morale qui crée :

Pour les riches, le devoir d'assistance ;

Et pour les pauvres, le devoir du travail.

C'est dans l'application sagement entendue de cette loi que les législateurs doivent chercher la solution du problème si ardu de la mendicité.

Tout sages et humains qu'ils étaient, les préceptes du Christianisme restèrent néanmoins longtemps à l'état de lettre morte.

A cela diverses causes :

D'abord les chrétiens, obligés de lutter pour leur existence contre le paganisme mourant mais encore maître du pouvoir, n'avaient pas voix au chapitre dans les Conseils des Empereurs romains.

Ensuite à peine avaient-ils pu entrer dans la place que l'invasion des Barbares remit tout en question. Les nouveaux conquérants, se substituant aux gouverneurs romains, laissèrent à la Société son organisation ancienne et les esclaves romains devinrent, sous un vocable différent, *les serfs de la glèbe*, obligés à travailler pour le compte et au profit de leurs nouveaux maîtres, sans pouvoir s'éloigner du sol où ils étaient rivés.

Enfin les désordres et les bouleversements continuels du régime féodal ne permirent pas d'installer un gouvernement stable et définitif.

Cet état de choses était peu favorable, on le conçoit, au développement du vagabondage. Aussi fallut-il plusieurs siècles pour lui permettre de prendre naissance, et pour amener les gouvernements d'alors à prendre les mesures nécessaires à le réprimer, ainsi que nous allons le voir dans le paragraphe suivant.

II

LÉGISLATION DES ANCIENS RÉGIMES

Nous trouvons, dans le second Concile de Tours, en 770, une prescription adressée à chaque paroisse de pourvoir à l'entretien de ses pauvres.

En 806, cette même prescription est insérée par Charlemagne dans un de ses Capitulaires et, en outre, défense est faite expressément de faire l'aumône aux pauvres hors de leur commune et de nourrir aucun mendiant valide qui se refuserait à travailler.

Un moment, dissimulée pendant l'époque féodale, la mendicité reparut vers le XIIe siècle assez forte et, en quelque sorte, organisée au point d'inspirer de sérieuses inquiétudes aux principales villes du royaume et de provoquer, dans le XIIIe siècle, des mesures rigoureuses de la part de Saint-Louis lui-même.

Au siècle suivant, en 1350, après les désordres sanglants de la Jacquerie, le roi Jean II dit le Bon, rend une ordonnance qui prohibe sévèrement l'oisiveté et la mendicité, ordonne aux mendiants et gens valides sans aveu de sortir sous trois jours de Paris, les condamne à quatre jours de prison dans le cas où ils reparaîtraient pour mendier ; en cas de récidive, ordonne qu'ils seront mis au pilori et qu'à la tierce fois ils seront signés au front d'un fer chaud et bannis. Elle défend, en outre, de faire l'aumône aux mendiants valides et de les recevoir dans les hôpitaux ou Maisons-Dieu plus d'une nuit.

Toutes ces ordonnances, mal exécutées grâce au désordre du temps et à la faiblesse de la police, n'entravèrent pas le développement de la mendicité et du vagabondage.

Les vagabonds étaient d'autant plus dangereux qu'ils se recrutaient en partie parmi les hommes d'armes employés à la solde des barons et des ducs, et obligés souvent, pour vivre, de se livrer à la maraude et au pillage, voire même à l'assassinat. Aussi, le pouvoir royal, impuissant à les réprimer, tantôt traitait avec eux pour les éloigner de ses domaines, tantôt les organisait en bandes régulières pour les expédier hors du royaume. Telle fut la cause et l'origine de l'expédition organisée sous Charles V et confiée à Duguesclin pour entraîner en Espagne, au secours de Henri de Transtamare, les malandrins et les ruffiants qui infestaient nos provinces.

Successivement Charles VII, Louis XI, Charles VIII et Louis XII eurent à s'occuper des vagabonds et à rendre des ordonnances sévères sur le papier, mais inappliquées en réalité faute de police d'abord, et ensuite parce que ces vagabonds étaient souvent protégés par les seigneurs qui les enrôlaient à leur service.

Sous François Ier, paraît-il, le vagabondage avait pris des proportions désastreuses. Des crimes et dévastations de toutes sortes étaient commis par les vagabonds et motivèrent les sévérités terribles du supplice de la roue, édictées par la déclaration royale de 1526 et par les édits de 1534 et 1536. On créa, en outre, des bureaux de charité dans les principales villes du royaume pour nourrir et secourir les invalides. Mais ces mesures attirèrent dans les villes une affluence considérable de mendiants et surtout de pauvres valides se disant privés d'ouvrage.

Certaines villes, particulièrement exposées aux incursions des vagabonds et des mendiants, firent des règlements spéciaux pour les réprimer. Exemples : Toulouse, Lyon, Orléans, Chartres et Nantes. Enfin une déclaration du roi, du 16 février 1545, ordonna au prévôt des marchands et échevins de Paris d'ouvrir des ateliers de travail pour les mendiants valides. Ceux qui se refuseraient au travail devaient être punis publiquement des verges et, en outre, bannis à perpétuité.

Un édit du roi Henri II (9 juillet 1547) mit l'entretien des pauvres à la charge de chaque paroisse et défendit à tout mendiant d'aller d'une paroisse dans l'autre, sous peine du fouet, pour les grands, et des verges, pour les petits enfants. Peu après (1551) on organisa l'aumône sur des bases plus larges et on créa une véritable taxe des pauvres.

Après Louis XIII, qui ordonna, dans des établissements dits Hôpitaux enfermés, le travail forcé de 13 heures en hiver et de 14 heures en été, nous arrivons au règne de Louis XIV. On y conçut le projet d'éteindre la mendicité par un système vaste et complet : Création d'un hôpital général à Paris, puis création de divers hôpitaux généraux dans d'autres localités, obligation pour les mendiants admis d'y travailler, et, à leur refus, application des peines précédemment édictées, tels furent les détails d'application de système, consignés dans les édits de 1656, 1661, 1662, 1685 et 1687.

A côté des mesures de répression implacable dont nous avons esquissé le tableau, on trouve, en 1700, une déclaration royale, dont voici le texte :

« Pour exciter, dans la suite, ceux qui auront quitté la vie fainéante à s'occuper des travaux de la campagne et à y prendre des établissements solides et permanents, leur permettons de faire valoir pendant 5 ans des héritages, jusqu'à 30 livres de revenu, sans payer aucune taille ; exhortons les laboureurs et autres gens de campagne de leur prêter les semences dont ils pourraient avoir besoin pour ensemencer lesdites terres, à la récolte desquelles ils auront un privilège spécial jusqu'à concurrence de leurs avances. »

Cette déclaration, dictée par une pensée bienveillante, était comme un avant-goût du Crédit agricole, si difficile à établir même de nos jours, et je suppose qu'elle n'aura pas produit des résultats dignes d'attirer l'attention.

Arrive la régence du duc d'Orléans : L'Etat, appauvri par les désastres des dernières années de Louis XIV, par des disettes calamiteuses et par des hivers exceptionnellement rigoureux, ne pouvait plus ni occuper les mendiants, ni les renfermer dans les hôpitaux, ni continuer à les flétrir. Alors, une déclaration du 7 janvier 1719 imagina d'en faire transporter un certain nombre aux Colonies, pour les y faire travailler, en vertu d'engagements à terme ou à perpétuité. Cette mesure suscita des séditions populaires, et le Parlement s'opposa à la transportation, qui ne fut pas exécutée. Pour y suppléer, on distribua les mendiants par escouades de 20 hommes pour les employer aux travaux des ponts et chaussées et des routes. Mais cette mesure échoua dans l'exécution. Les mendiants d'alors, plus sauvages que ceux de nos jours, se livrèrent à des actes regrettables contre les voyageurs. Et pour la sécurité des routes, on fut obligé de licencier ces dangereux ouvriers. Ce fait est constaté dans le rapport du duc de Larochefoucault à l'Assemblée Constituante.

Louis XV, à sa majorité, se trouva aux prises avec ce redoutable problème de la mendicité et du vagabondage. La peste en Provence, la rareté et la cherté des grains et des calamités de tout genre avaient singulièrement aggravé la situation et augmenté le nombre des nécessiteux. On rouvrit les hôpitaux et on offrit aux mendiants de les nourrir et entretenir à la condition d'y travailler comme engagés. On leur permit aussi de s'engager dans le service militaire. Ceux qui quittaient les hôpitaux pour reprendre leur premier état de fainéantise devaient être condamnés à 5 ans de galères, même à des peines plus fortes, et, en cas de récidive, à la détention perpétuelle. Tel fut l'objet des ordonnance et déclaration des 18 juillet et 12 septembre 1724, confirmée encore par déclaration du 20 octobre 1750.

Plus tard, une déclaration du 2 août 1764 complétée par un arrêt du Conseil du 21 septembre 1767, qui en contient le développement, consacre la législation générale sur cette matière.

Chaque généralité du royaume dût avoir son dépôt de mendicité. On n'y renfermait pas les mendiants accidentels ni ceux qui pouvaient être assistés à domicile. On comptait dix-huit de ces établissements en 1778, vingt-un en 1781, vingt-sept en 1786 et trente en 1792. Six à sept mille mendiants y étaient retenus et avaient droit à leur libération quand ils avaient justifié, pendant un certain temps, de leur application au travail et de leur disposition à se bien conduire.

Avec le règne de Louis XVI nous aurons terminé l'énumération des dispositions législatives de l'ancien régime et déjà nous entrevoyons la pensée d'adoucir les sévérités draconiennes des anciennes lois. On substitua le travail obligé aux punitions corporelles pour les mendiants et vagabonds. Et l'on augmenta, dans ce but, le nombre des maisons de mendicité contenant des ateliers de travail et qui étaient une sorte d'intermédiaire entre les prisons et les hospices.

III

LÉGISLATION MODERNE. — RÉPUBLIQUE. — EMPIRE. — RESTAURATION

A partir de 1789, des documents nombreux et considérables attestent le souci que cette question de la mendicité et du vagabondage suggéra aux législateurs. Les bornes de ce travail m'empêchent de vous en donner des analyses mêmes succinctes. Je me borne, pour l'époque républicaine, à vous citer les principales lois et les décrets statuant sur différents aspects de cette matière.

21 décembre 1789 : Décret confiant aux Administrations départementales la police des mendiants et vagabonds.

18-25 février 1791, 29 mars et 3 avril 1791 : Décrets mettant à la charge de l'Etat les dépenses des dépôts de mendicité.

19-24 mars 1793 : Décret sur les secours publics dont l'article 14 ordonne la répression de la mendicité et l'établissement de maisons de travail dans les départements.

24 vendémiaire, an II : Décret contenant des mesures pour l'extinction de la mendicité.

Le titre IV ordonne que tout mendiant domicilié, repris en troisième récidive, sera condamné à la transportation.

Le titre V détermine le domicile de secours.

11 brumaire, an II : Décret relatif aux mendiants condamnés à la déportation.

16 ventôse, an II. — Décret qui accorde des secours aux citoyens pauvres, incapables de travailler, et interdit la mendicité aux individus valides.

27 ventôse, an III : Décret relatif à l'exécution des lois sur la suppression de la mendicité.

10 vendémiaire, an IV : Loi sur la police intérieure des communes dont les articles 6 et 7, titre III, sont relatifs aux vagabonds et aux gens sans aveu.

2 germinal, an IV : Loi rappelant aux administrations locales qu'elles sont tenues sous leur responsabilité de surveiller et de faire arrêter les vagabonds.

7 février, an V : Loi dont l'article 11 ordonne que les mendiants valides, qui n'ont pas de domicile acquis hors de la commune où ils sont nés, sont obligés d'y retourner, faute de quoi ils y seront conduits par la gendarmerie et condamnés à une détention de de trois mois.

28 germinal, an VI : Loi plaçant la surveillance des mendiants et vagabonds dans les attributions de la gendarmerie.

Après cette énumération nous arrivons aux dispositions prises par l'empereur Napoléon, sur cette difficile question.

Il reconnut, en principe, qu'avant de réprimer la mendicité comme un délit, il fallait lui offrir le travail comme un secours. Et alors paraît le décret du 18 novembre 1807, ordonnant la création d'un dépôt de mendicité dans le département de la Côte-d'Or. Tout mendiant arrêté devait y être conduit pour y être assujetti au travail conformément au règlement, moyennant quoi il serait entretenu et nourri.

Par son décret du 5 juillet 1808, il dispose que la mendicité sera défendue dans tout le territoire de l'Empire et que les mendiants seront arrêtés pour être traduits dans le dépôt de mendicité de leur département respectif ; que les mendiants vagabonds seront traduits dans les maisons de détention. — Les dépenses des dépôts de mendicité étaient mises à la charge concurremment de l'Etat, du Département et des Villes.

La construction de ces dépôts s'effectua avec rapidité dans toute l'étendue de l'Empire. Il y en eut 59 créés dans l'espace de quatre ans ; mais 37 seulement furent mis en activité et 22 n'ont pas été ouverts. Un règlement en 181 articles détermina le régime moral, économique et industriel de chacun d'eux.

Le décret statuant sur l'emplacement et les dépenses de dépôt afférent au département de l'Oise est du 21 août 1811. Cette date explique l'inachèvement de l'œuvre colossale entreprise. La guerre de Russie avec sa désastreuse retraite, l'invasion, puis l'abdication de l'Empereur ne permirent pas de continuer l'installation des dépôts de mendicité.

En tous cas, l'expérience des dépôts installés depuis plusieurs années engendra des mécomptes et ne donna, en général, que des résultats infructueux et peu en rapport avec les dépenses. Les mendiants qui y étaient admis, en partie invalides ou habitués à la fainéantise, en partie inaptes aux travaux de manufactures auxquels on voulut les employer, produisirent beaucoup moins qu'on ne l'avait prévu, tandis que les dépenses de chaque mendiant dépassèrent les évaluations primitives. De plus, on y accueillit trop facilement des individus en vue desquels ces dépôts n'avaient pas été institués, tels que les idiots, les filles publiques, les épileptiques et certains condamnés dont les prisons étaient encombrées, et de la sorte les mendiants valides, qui devaient trouver là refuge et travail, voyant la place occupée, reconstituèrent au dehors l'armée de la mendicité que l'on avait cru avoir licenciée.

Ces inconvénients et ces mécomptes furent une arme aux mains de la Restauration, qui n'y était déjà que trop portée, pour détruire l'œuvre de l'Empire. Une circulaire du Ministre de l'Intérieur du 17 mars 1817, adressée aux Préfets, les invite à soumettre aux Conseils généraux la proposition concernant les dépôts de mendicité, soit en vue de leur suppression, que le gouvernement paraissait désirer, soit en vue de leur transformation en séminaires, qu'il paraissait désirer davantage encore, soit enfin en vue de modifications qu'il y avait lieu d'apporter à ceux de ces établissements dont le maintien serait décidé. Plusieurs, en effet, placés dans des milieux plus favorables, édifiés et entretenus dans des conditions plus modestes et moins coûteuses, dirigés enfin par un personnel plus intelligent et plus actif, avaient donné des résultats avantageux et auraient pu servir de modèle pour les modifications à introduire dans le service de ces maisons, si le Gouvernement avait jugé convenable d'entrer dans cette voie.

La plupart des Conseils généraux votèrent la suppression des dépôts de mendicité, dont 24 furent fermés de 1814 à 1818. A cette dernière date, il n'en restait plus que 22 en activité, donnant asile à 5,433 individus, les ressources départementales faisant défaut pour en abriter davantage. Et enfin, en 1830, il ne reste plus que 7 de ces établissements : ceux de la Seine, à Saint-Denis et à Villers-Cotterêts ; celui de l'Aisne, à Laon, ou mieux à Montreuil-sous-Laon ; celui de l'Ariège, à Saint-Lizier ; celui de la Haute-Vienne, à Limoges ; du Jura, à Dôle ; et celui de la Charente-Inférieure.

Aujourd'hui, la loi qui régit la mendicité et le vagabondage est le Code pénal de 1810.

L'article 269 déclare le vagabondage un délit.

Les articles suivants statuent sur les pénalités différentes à appliquer au vagabondage d'abord, à la mendicité ensuite, puis au vagabondage allié à la mendicité, et enfin aux deux délits aggravés par des circonstances accessoires, tels que ports d'armes, menaces et attroupements.

Dans tous les cas, la loi n'inflige qu'une peine unique dans la prévision que, plus tard, à l'expiration de leur peine, le mendiant et le vagabond valides devraient être confinés dans les dépôts de mendicité.

Mais la loi est muette, contrairement aux lois anciennes, en ce qui concerne l'état de récidive.

Il y manque donc une graduation des peines, dont la dernière devrait être la transportation, seul moyen de débarrasser la société d'un membre absolument réfractaire à se soumettre aux lois et coutumes de la Société civilisée.

Il ne nous reste plus à noter, pour être complet, que l'indication suivante :

L'article 274 du Code pénal édicte que toute personne trouvée mendiant dans un lieu pour lequel il existera un établissement public organisé afin d'obvier à la mendicité, sera punie de 3 à 6 mois d'emprisonnement et sera, à l'expiration de sa peine, conduite au dépôt de mendicité.

Cet article, interprété par la jurisprudence, énerva l'action de la justice, qui refusait de condamner les mendiants arrêtés, lorsque le département du lieu d'arrestation ne possédait pas d'établissement de mendicité. De là, nécessité pour les départements qui n'en avaient pas, de se rattacher à un établissement de ce genre créé dans un département voisin. L'Etat autorisa les départements privés à se rattacher ainsi, et, notamment, le département de l'Oise fut autorisé une première fois à diriger ses mendiants condamnés à l'asile de Montreuil-sous-Laon (ordonnance royale du 11 août 1846) et, en second lieu, par un décret de 1875, en vertu duquel une convention intervint entre le département de l'Oise et celui de l'Aisne.

Cette convention, encore en vigueur à l'heure présente, permet au département de l'Oise de faire hospitaliser annuellement de 20 à 30 vieillards ou infirmes.

Maigre résultat en présence de l'œuvre à accomplir.

CHAPITRE IV

Appréciation des remèdes indiqués par l'enquête actuelle.

Si votre rapporteur, dans le chapitre précédent, est entré dans d'aussi longs détails sur les mesures législatives employées contre les mendiants et vagabonds, ce n'est pas par dessein de produire le fastidieux étalage d'une érudition facile, puisqu'il s'agit uniquement d'un travail de compilation, mais c'est d'abord dans le but de vous faire comprendre que cette question est bien vieille et qu'à toutes les époques et sous tous les régimes elle a provoqué l'attention des Pouvoirs publics ; et ensuite de mettre en relief que toujours résolu en apparence, le problème était toujours à résoudre.

De là, nécessité d'étudier les causes de cet échec persistant de la puissance publique.

Un poète latin bien inspiré a dit : *Quid leges sine moribus vanœ proficiant.* A quoi sert de faire des lois, si elles ne sont pas d'accord avec les mœurs.

Un exemple topique vous servira à concevoir la vérité de cet axiome :

Il existait dans un coin restreint de la Picardie (le Santerre), un droit coutumier qu'on appelait le droit de marché. Où était la preuve de ce droit ? Où était son titre ? Nul ne l'a établi sérieusement. Il n'en existait pas moins. Les populations du Santerre excipèrent d'une convention verbale intervenue entre eux et leurs seigneurs partant pour les Croisades, en vertu de laquelle, moyennant certaines prestations en argent, elles avaient acquis pour elles et leurs descendants le droit d'être à perpétuité les fermiers des terres de leurs seigneurs. Dans la pratique, ce droit était évalué au tiers de la propriété, quels que fussent les possesseurs de la terre. De sorte que celui qui voulait vendre sa terre était tenu de faire compte à son fermier du tiers du prix de vente.

Louis XIV, au faîte de la puissance, résolut, sur les représentations de quelques seigneurs de sa Cour, d'avoir raison de ce droit qui ne reposait sur aucun titre, mais qui était entré dans les mœurs de la localité. Il édicta une loi qui abolit le Droit de marché et, pour en assurer l'exécution, il envoya sur les lieux des régiments de dragons. Aussitôt des meurtres se produisirent, des incendies éclatèrent, des empoisonnements de bestiaux et de personnes eurent lieu contre les violateurs du prétendu droit. La justice intervint pour sévir ; mais ses enquêtes restèrent sans résultat, aucun habitant ne voulant déposer contre son concitoyen. De telle sorte que les dragons se retirèrent, que la loi ne fut pas appliquée, et que force resta au droit coutumier qui survécut. Et, pourtant, c'était Louis XIV.

Appliquant cette donnée à notre thèse, nous serons amenés à décider que si les décrets et ordonnances des Pouvoirs publics n'ont pas eu plus de succès, c'est qu'ils ne s'appuyaient pas sur les mœurs.

En effet, le Moyen-Age avait donné naissance à une foule d'établissements : couvents, monastères, abbayes qui offraient à la fois asile et subsistance aux mendiants frappant à leur porte. En pouvait-il être autrement ? N'étaient-ils pas les représentants et les successeurs de Celui qui avait dit : « Venez à moi, vous tous qui avez faim, et je vous rassasierai. » Est-ce que pour eux le mendiant n'était pas un homme, et, par conséquent, un frère, quelle que fut son origine. Qu'avaient-ils besoin de s'occuper de son domicile ? Et que leur importait la législation pénale ? D'ailleurs, la législation était souvent impuissante par la force des choses. Les juridictions s'entre-croisaient et se neutralisaient. Celle du roi était souvent tenue en échec par celle des Seigneurs. Le duc de Bourgogne n'entendait pas obéir aux ordres du Roi. Le duc de Bretagne, roi tout puissant dans son domaine, résistait ouvertement à son souverain. Et, à côté de ces puissances séculières, venait s'ajouter la puissance épiscopale qui annulait les décisions de la justice royale ou les empêchait de se produire.

Cela posé, nous reconnaîtrons que le problème n'a pas été résolu, parce que la solution venait d'en haut pour descendre jusqu'en bas ; en d'autres termes, on a fait des lois, mais on n'a pas tenu compte des mœurs. Ces insuccès répétés nous autorisent à procéder autrement, c'est-à-dire à commencer par en bas pour remonter jusqu'en haut.

Aussi bien, l'organisation administrative actuelle, qui a pour base la commune, nous offre-t-elle un champ d'expérimentation solide et pratique. Le moment psychologique est d'ailleurs arrivé, et toutes nos campagnes, envahies par des nuées de vagabonds fainéants et de mendiants, désirent en être affranchies et s'associeront, à l'unanimité, aux efforts tentés dans cette voie. Ajoutons enfin que le développement de la fortune publique, à tous les degrés de l'échelle sociale, offre à notre tentative des ressources qui ont manqué aux précédents régimes.

Examinons donc les diverses séries de remèdes signalés par l'enquête,

PREMIÈRE CATÉGORIE

Les propositions contenues dans la 1re catégorie se résument comme suit :

Obliger chaque commune à procurer du travail à ses indigents ou à les secourir ;

Interdire rigoureusement la mendicité ;

Autoriser chaque commune dénuée de ressources pour l'assistance de ses pauvres, à réclamer des subventions auprès du Département et de l'Etat.

La Commission est d'avis d'adopter ces propositions, en priant l'Administration de trouver les voies et moyens propres à en assurer la réalisation.

2e CATÉGORIE

La Commission adopte également les propositions relevées dans la 2e catégorie, en ce qu'ils autorisent la suppression des refuges, lesquels sont une prime d'encouragement au vagabondage, qu'il s'agit de réprimer.

Et puis, si chaque commune se charge de ses pauvres, qui seront secourus à domicile, il n'y a plus nécessité d'avoir un refuge pour abriter les pauvres étrangers.

Néanmoins, les refuges continueront à rester ouverts pendant un certain temps, deux ans, par exemple, à partir du 1er mai 1895, que nous appellerons l'époque de transition.

3e CATÉGORIE

Il y a lieu de réserver la discussion et l'appréciation des moyens proposés sous cette rubrique jusqu'à l'expérimentation des moyens de la 1re catégorie. Si ceux-ci, en effet, sont suffisants, il est inutile d'aller plus loin.

De quoi s'agit-il, en effet, pour l'arrondissement de Compiègne ?

De donner aide, par le travail et assistance, à 193 vieillards ou infirmes et à 171 femmes et enfants ; au total, 364 personnes. Ce qui, pour 157 communes de l'arrondissement, représente pour chacune 2 pauvres 31 centièmes.

Il est bien entendu que les vagabonds valides, ne représentant que des vices, seront rigoureusement proscrits.

On ne s'explique pas d'ailleurs qu'à notre époque où tant de chantiers sont ouverts à l'activité humaine (chemins de fer, canaux, constructions, industries agricoles, métallurgiques, minières et autres), tant d'ouvriers manquent d'ouvrage.

Je parle ici devant des cultivateurs. Ils me comprendront d'autant mieux qu'ils sont obligés de recourir à des Belges pour les travaux de leurs moissons et de leurs betteraves. Et à côté de cela, que de travaux restés inachevés faute de bras (échenillage, hannetonnage, échardonnage, etc.). Ce serait donc pure utopie que de créer à grands frais des fermes, ateliers industriels et colonies, dans le but d'offrir du travail à qui n'en veut pas faire.

Tous les cahiers de charges des travaux faits par l'Etat stipulent le droit de préférence, dans une forte proportion, pour les ouvriers Français, et il est interdit aux entrepreneurs de se servir de la main-d'œuvre étrangère. Et malgré cela ils sont obligés d'y recourir, et, en fin de compte, ils y sont autorisés en dessous main, faute d'ouvriers français en nombre suffisant pour livrer les travaux dans le délai imparti.

Donc, si l'ouvrier Français n'a pas de travail, c'est qu'il se refuse à en faire.

Et puis il y a à considérer ceci : est-ce que le champ de travail sera augmenté par ce fait que vous aurez créé quelque part, dans le département, une ferme d'assistance. Tout ce qui est cultivable est cultivé. La ferme, que vous allez créer, existe déjà. Elle exécute son travail avec son personnel d'ouvriers libres. Votre installation, avec vos ouvriers assistés, fera émigrer les ouvriers libres, qui iront s'approvisionner ailleurs. Vous ferez vivre un nouveau personnel, mais vous aurez expatrié le personnel précédent. Il y aura donc là un simple déplacement et pas autre chose.

Que si maintenant on veut créer un établissement adapté aux ouvriers d'industrie, il convient de réfléchir aux conséquences qui vont en découler.

Tout d'abord nous poserons en principe que l'Etat est un mauvais patron, parce qu'il ne gère pas par lui-même, mais par des intermédiaires peu ménagers de la dépense, et qui ne sont pas responsables des déficits. Le Trésor est là, en effet, pour les combler ; donc, déficit certain à espérer.

L'Etat, acheteur de la matière première, vendeur de la matière fabriquée, voilà qui constitue une ingérence fâcheuse dans des professions que les particuliers exécutent au mieux et avec économie, parce qu'ils sont stimulés par l'aiguillon de l'intérêt privé.

Et puis allez-vous faire concurrence aux industries similaires qui paient à l'Etat des impôts très lourds, et que vous réussirez à écraser, parce que vos produits seront d'un prix de revient inférieur ?

Non : le mieux est de laisser l'Etat à ses fonctions naturelles déjà assez importantes de régulateur de la fortune publique et de collecteur des impôts qu'il doit employer au mieux des intérêts généraux.

En terminant l'appréciation de cette catégorie, je suis heureux de rassurer le Maire de Hautefontaine, au sujet des deux vagabonds malades qu'il a conduits à l'Hôtel-Dieu de Compiègne. La loi de juillet 1873, exécutoire depuis le 1er juillet 1875, met la charge de

.cette hospitalisation au compte du Département, à défaut de parents ou patrons responsables.

4ᵉ CATÉGORIE

Assistance publique à organiser là où elle fait défaut, et à perfectionner là où elle existe déjà.

La Commission adopte ce moyen et le rattache à ceux de la première Catégorie dont il est le complément nécessaire.

Quant aux œuvres de prévoyance et aux habitations à bon marché construites pour les ouvriers, la Commission apprécie à leur valeur ces deux moyens, mais elle estime que c'est une affaire d'éducation et d'entraînement, et qu'il n'y a pas là matière à légiférer.

5ᵉ CATÉGORIE

Assimilation des roulottiers et trimardeurs aux vagabonds ;

Prescriptions sévères pour que chaque vagabond ait sur lui les pièces probantes de son identité ;

Visa du Maire et cachet à chaque passage dans sa commune.

La Commission approuve complètement ces divers moyens et elle exprime le regret qui sera transmis aux Pouvoirs publics, que le livret ait cessé d'être obligatoire pour l'ouvrier. Il y aurait donc lieu d'en décréter le rétablissement, ou, à son défaut, l'obligation pour chaque voyageur d'avoir un passeport ou un livret spécial relatant son lieu d'origine.

CHAPITRE V

Résumé. — Conclusion. — Voies et Moyens.

Pour qui aura lu attentivement les chapitres qui précèdent, il s'en dégagera la pensée dominante de rompre avec les anciens errements législatifs adoptés en cette matière, et, en conséquence, de prendre pour base de la réforme à opérer la Commune avec l'aide de l'Etat, au lieu de l'Etat avec l'aide de la Commune.

Tout d'abord la Commune n'est pas, comme l'Etat, obligée de faire grand ; elle fait petit, mais elle fait juste.

Elle est à même d'apprécier les besoins de ses miséreux à leur juste valeur, et de donner des secours appropriés dans une proportion adéquate à ces besoins. Elle démasque facilement les faux pauvres, qui ne sont généralement que des vicieux et des fainéants, et sa bienfaisance ira trouver, dans la mesure du nécessaire, le vrai pauvre et l'homme devenu malheureux, mais digne de compassion,

Et tout cela pourra se faire sans grands frais et avec la plus grande économie possible.

Tandis que l'Etat offre, moyennant 1.200 francs par an, un lit à un seul miséreux, elle pourra, pour cette somme allouée à titre de subvention, soulager à domicile les pauvres de une ou deux communes.

Ce système a d'ailleurs l'avantage d'être en harmonie avec les sentiments de nos pauvres campagnards qui ont, gravée au cœur, l'appréhension d'entrer dans un de ces grands établissements hospitaliers où ils cessent d'être hommes pour devenir un numéro ; et où ils n'entrent qu'avec la perspective de rompre toutes leurs anciennes relations de parenté et d'amitié ; en un mot, d'aliéner une parcelle de leur liberté et partant de leur dignité. Ce sentiment doit d'autant plus être encouragé chez eux, qu'à cette époque on se plaint de l'émigration des campagnes vers les villes. Les secourir à domicile aurait donc ce double avantage d'être à la fois d'accord avec leurs sentiments privés et avec l'intérêt général.

Il faut en conséquence organiser dans toutes les communes un bureau qui servirait en même temps à l'assistance par le travail, et à la bienfaisance par les secours.

Ce bureau ferait appel à tous les concours utiles et serait composé de façon à les mettre en œuvre et en communication entre eux.

Expliquons-nous.

La bienfaisance s'alimente à trois sources dans nos communes :

1° Il y a la bienfaisance officielle, celle du Bureau de Bienfaisance sous la présidence du Maire ;

2° Il y a la bienfaisance confessionnelle, celle qui a pour organe et directeur le Curé de la paroisse ;

3° Il y a la bienfaisance individuelle, qui n'a pour guide que le bon cœur de chaque particulier.

Toutes trois, tout en produisant de bons résultats, ont été l'objet de reproches mérités.

A la première, on reproche d'être sectaire et jacobine, c'est-à-dire de tenir compte trop spécialement des opinions politiques du sujet à assister ;

A la seconde, on reproche d'être également exclusive et de tenir compte trop spécialement des opinions religieuses du miséreux qui y a recours ;

A la troisième, on reproche d'être aveugle et mal renseignée, et de s'adresser, au hazard des circonstances ou de la malice habile des postulants, à des gens qui ne sont pas dignes de secours, ou qui en sont déjà abondamment pourvus par les deux premières sources.

L'idéal serait de réunir en un faisceau convergent ces trois sources de bienfaisance qui, mieux endiguées et canalisées, produiraient le maximum des résultats utiles qu'on peut en espérer.

A cette fin, chaque Bureau de Bienfaisance comprendrait deux membres de droit : le Maire, président, et le Curé, assesseur. Deux membres du Conseil municipal, désignés chaque année par le Conseil; et trois membres en dehors du Conseil seraient choisis par l'Administration pour représenter l'élément individuel de la Commune.

Tous ses membres, à chaque réunion, arrêteraient la liste des indigents à secourir et se communiqueraient la note des secours alloués par le Bureau, par le Curé et par la charité privée, et, en cas d'insuffisance, fixeraient le chiffre de l'allocation à demander au Département et à l'Etat.

En ce qui concerne l'assistance par le travail, il serait tenu à la Mairie un registre en deux colonnes indiquant :

L'une, les offres d'emploi et de travail ;

L'autre, les demandes d'emploi.

Chaque semaine, le dimanche matin, une affiche serait apposée à la porte de la Mairie pour indiquer les offres et les demandes à l'ordre du jour.

Bref, on réaliserait, par là, en petit, la Bourse du travail, et chaque particulier, employeur ou employé, aurait la facilité de prendre tous les jours, à une heure déterminée, communication du registre.

En conséquence de tout ce qui précède, voici les voies et moyens que votre Commission propose à votre adoption et à celle des Pouvoirs publics pour réaliser le plan conçu :

1° M. le Préfet de l'Oise inviterait les Maires du département à publier à nouveau la dernière loi ou le dernier arrêté qui interdit la mendicité dans chaque commune.

2° Chaque Maire ferait cette publication en ajoutant que les pauvres de sa commune devront s'adresser à lui pour les secours dont ils ont besoin et dont ils lui feront l'exposé.

3° Chaque Maire serait obligé de tenir la main par lui et ses agents à ce que son arrêté soit strictement exécuté ; il informerait ses administrés de la tenue du registre des offres et demandes d'emplois et de la manière dont il les invitera à en prendre connaissance.

4° Tous roulottiers ou trimardeurs seraient impitoyablement exclus du territoire de chaque commune ; en tous cas astreints à justifier au Maire de leur identité, de l'endroit d'où ils viennent, et de l'endroit où ils vont, et du but de leur circulation.

Avis de leur passage serait donné de suite à la brigade de gendarmerie du ressort, qui les arrêterait s'il y avait lieu.

5° Les communes qui n'ont pas encore de Bureau de bienfaisance seraient astreintes à en créer un et à inscrire au budget de mai 1895 le crédit nécessaire à son fonctionnement.

L'exécution de ce programme exigera une grande fermeté de la part des Maires et des Agents communaux. Mais, appliqué avec énergie et esprit de suite, il devra nous débarrasser de tous les nomades sans aveu, qui, harcelés et inquiétés sur chaque terroir, iront ailleurs chercher des asiles plus cléments.

Et quand ce programme aura été suivi pendant deux ans avec fermeté, il sera permis de se rendre compte des résultats obtenus et de voir ce qui restera à faire dans l'avenir.

La Commission a la conviction que les ressources communales, que les ressources paroissiales, jointes aux libéralités privées et aux subventions du Département et de l'Etat, là où il en serait besoin, suffiront aux besoins d'assistance des mendiants légitimes ; et que les investigations rigoureuses de la police et des autorités éloigneront la plupart des vagabonds.

Compiègne, 6 avril 1895.

Le Président,

NOLET

Le Rapporteur,

BARRÉ

A la suite de la lecture de ce rapport, M. le Président a mis aux voix les conclusions suivantes qui ont été adoptées par l'Assemblée :

1° Interdiction absolue de la mendicité ;

2° Conséquemment, obligation pour chaque commune de nourrir ses pauvres ;

3° Subventions de l'Etat et du Département aux communes dont les ressources ne suffiraient pas ;

4° Rétablissement du livret pour les nomades et constatation régulière de l'identité de chaque vagabond dans les refuges.

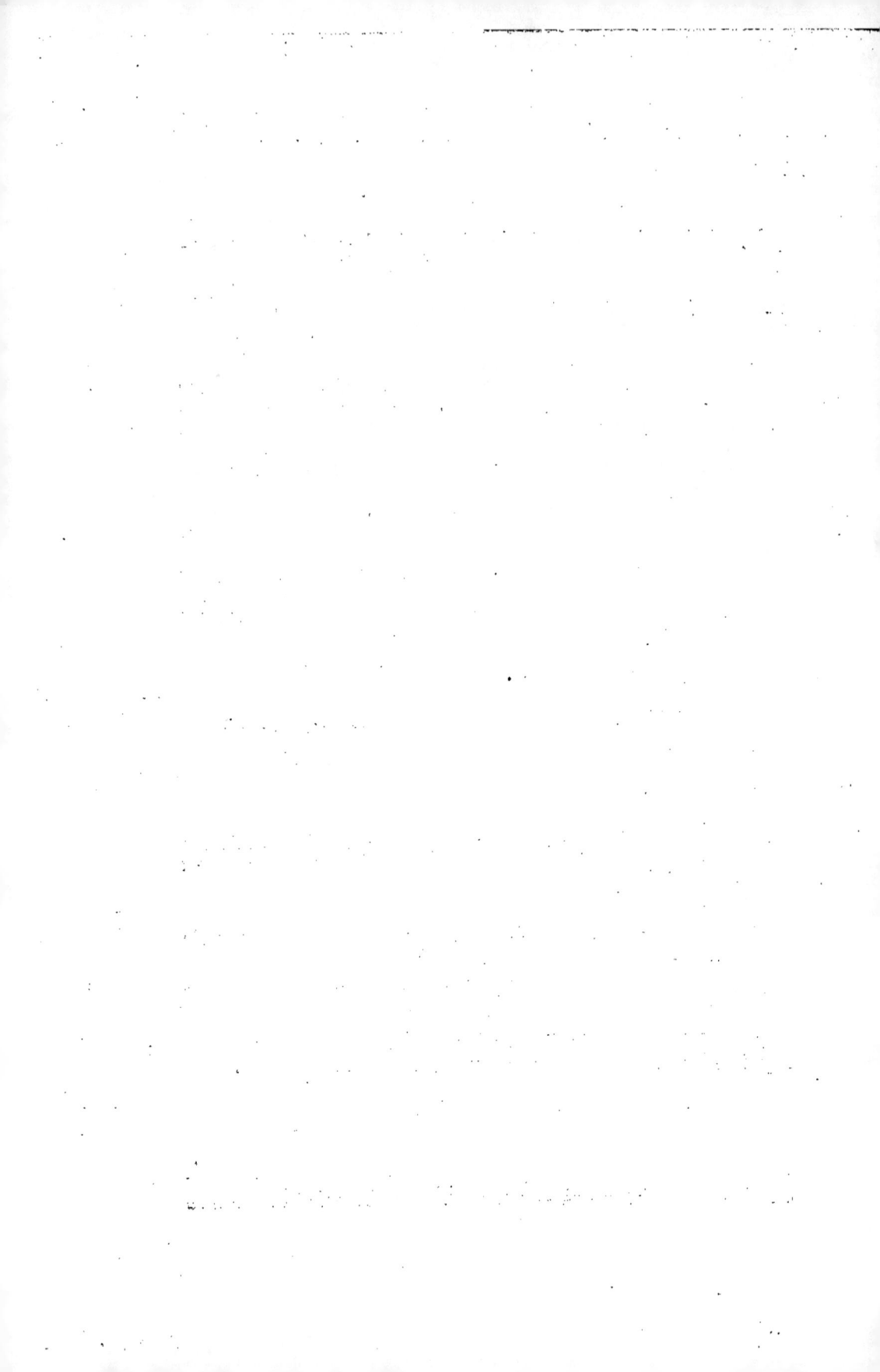

www.ingramcontent.com/pod-product-compliance
Lightning Source LLC
Chambersburg PA
CBHW060458200326
41520CB00017B/4836